小鳥
飛翔の科学

野上 宏

築地書館

はじめに

　小鳥の飛翔能力は想像以上に優れたものです。乱気流のなかを高速飛翔しながら、揺れ動く小枝に正確に着地したり、捕食行動や逃避行動などで瞬時に方向転換して捕らえたり、逃れたりする視覚、平衡覚と、低速大迎え角(だいむかかく)の曲技的飛翔でも全身で反応して、失速することなく飛翔を続ける能力には空力学的にも感服せざるを得ません。

　近年開発が進められている超小型無人機（micro air vehicle）の分野では、コンピュータ技術の発達と素材の開発にともなって鳥の飛翔の研究があらためて注目されるようになっています。
　またNASAは、飛行中に翼の形態をヒンジ（蝶番(ちょうつがい)）無しで変化させる可変翼機（flexible wing）のテストに成功したと発表しています（BBC 2015）。これは固定翼機の翼が鳥の翼に似てきた例といえるでしょう。
　人類は高速、高高度、長距離飛行には成功してきましたが、飛行開始以来の大きな問題である失速防止についてはまだまだ鳥やコウモリには及ばない状態です。

　私はバードウォッチャーとして長年、野鳥の観察と写真撮影を行ってきました。同時に飛行機マニアの一人として模型飛行機を作り続け、小型飛行機やグライダー操縦を体験する機会もありました。

固定翼機と鳥類の飛翔には多くの類似点があり、人類の初飛行も鳥を参考として行われたものでした。

　鳥類の飛翔については多くの研究がなされていますが、タカ科やカモメ科などの大型鳥類ではなく、スズメサイズの小鳥の場合は研究室の人為的条件下の風洞実験はあっても、野外での観察記録は少ないようです。
　写真撮影の場合、小鳥はサイズが小さく、飛翔も速く、コースは変化に富み予測困難で、望遠レンズのフレーム内にとらえてピントを合わせることが困難なためと思われます。しかし、飛翔中の小鳥が見せる多様な生態の魅力はすばらしいもので、その瞬間を高速シャッターで撮影した写真で初めて確認できる場面が数多くあります。

　本書では、研究室内ではなく、野外で飛翔中の、小鳥の肉眼では観察困難な興味ある生態の瞬間をとらえた写真を紹介するともに、小鳥の飛翔機能の概要を、固定翼機と比較しながら記述しました。
　専門用語はなるべく使用しないように注意しましたが、どうしても必要な用語については巻末（p.102）に説明を付しました。

小鳥の見せる飛翔の魅力を存分にお楽しみいただければ幸いです。

用語について

航空機の発達は鳥をオリジナルとしているため、形態面では航空工学、鳥学(ちょうがく)に共通した多くの用語が使用されている。また飛行中の固定翼機の形態上の変化(可動部分)は少ないが、鳥の形態は絶えず変化している。

このため本書では、飛翔中の鳥の姿を表現するためには、航空工学上の用語を使用するのが適当と考えた。飛翔関連の用語のうちとくに重要な上反角、下反角、後退角、迎え角などについては巻末の模式図(用語解説の図1〜3)を参照していただきたい。

翼弦(よくげん)は、固定翼機では翼の前後縁間の長さ(機体の前後軸に平行)で、矩形翼(くけいよく)なら翼のつけ根と先端部は同一である。

鳥学の翼弦は、畳んだ翼の翼角(よくかく)と初列風切羽(しょれつかざきりばね)の先端間の長さである。翼幅(よくふく)は広げた翼の左右先端間の長さを表し、スズメは短く、カモメは長い。

目次

はじめに ——————————— 2
翼の形態 ——————————— 6
　風切羽〈かざきりばね〉———— 8
　小翼羽〈しょうよくう〉———— 9
　尾羽〈おばね〉———————— 10
　雨覆羽〈あまおおいはね〉——— 11
飛び立ち ——————————— 12
巡航飛翔 ——————————— 17
下降と着地 —————————— 26
さえずり飛翔 ————————— 31
高速飛翔 ——————————— 34
低速短距離飛翔 ———————— 42
急制動 ———————————— 47
停空飛翔〈ホバリング〉————— 51
波状飛翔 ——————————— 57
旋回飛翔 ——————————— 60
滑翔と下反角 ————————— 70
失速防止飛翔 ————————— 74
採餌飛翔 ——————————— 81
争い飛翔 ——————————— 88

用語解説 ——————————— 102
撮影 ————————————— 106
参考文献 ——————————— 107
おわりに ——————————— 108

翼の形態

　鳥が翼を広げた形は、楕円型（メジロ、スズメなど）（1）、高速型（ツバメ、シギなどの尖翼型）（2）、滑翔型（ケリ、アホウドリなどのグライディング型）（3）、帆翔型（ハゲワシ、トビなどのソアリング型）（4）の4種に分けられている。

　本書では1と2のグループに属するヒヨドリサイズ以下の小型鳥を対象とした。小鳥の翼は楕円型であるが、ツバメやイソシギなどは小型でも例外的に高速型翼に分類される。

　小鳥の楕円翼は長径と短径の比が小さく、短時間なら斜め前下方への打ち下ろし角度を増した強力な羽ばたきが可能で、高揚力を発生し、速い飛び立ち、飛び去りができるため樹間や地上の生活に適している。

　小鳥の前腕部と上腕部はいずれも短く、前腕部に付着する次列風切羽と手部に付着する初列風切羽の長さの差も少なく、飛翔時に翼端の初列風切羽の先端部分が開いた指のようになって隙間（スロット）を形成し、個々の羽が羽軸部を上方へのふくらみの頂点とする翼となって揚力を生じ、低速時に短い翼の翼端部に起きやすい失速を防いでいる。
　ただし、ツバメは小鳥にしては細長い翼を持ち、初列風切羽がとくに長く、翼の先端はとがって隙間の無い尖翼で、長距離の高速飛翔に適している。ヒバリの翼は体に比して面積が大きい楕円翼で、滞空飛翔に適している。

1 メジロの飛翔。大部分の小鳥に共通する楕円翼で、両翼端は開いている。この隙間を形成することで個々の風切羽は揚力を生じ、低速時の翼端失速を防ぐのに役立っている。

2 ツバメの翼の平面形は、小鳥では少ない尖翼で、長距離の高速飛翔に適した鳥であることを示す。

3 ケリはチドリ類の鳥としては大型で、内翼が長く、細長いという滑翔に適した翼を持つ。

4 帆翔や滑翔を得意とする長大な翼を持ったミミハゲワシ(インドのランタンボール国立公園で撮影)。大型海鳥と同じように内翼が著しく長い。

風切羽〈かざきりばね〉

　初列風切は、ヒトの手にあたる部分に付き（鳥は第4、5指を欠く）、手関節によって次列風切と別の動きができ、主として推力を生じる。外翼またはハンド・ウイングとも呼ばれる（5a）。

　次列風切は前腕骨のうちの尺骨に付き、手関節と肘関節の間にあって、飛翔時には揚力を保つ役割を果たす。内翼またはアーム・ウイングの名称がある。帆翔や滑翔をする大型鳥類は内翼が外翼に較べて著しく長く、より多くの羽数があり、揚力が得られやすく、羽ばたかずに長時間の飛翔ができる。

　三列風切は次列風切と胴体との間で上腕骨部にあり、3枚程度で通常は肩羽や下面の腋羽とともに翼と体の隙間を埋めていてあまり目立たず、飛翔中に翼と体部の接合部を流れる気流を整えるのに役立っている。セキレイ科の小鳥では翼を畳んだときに初列、次列の風切の大部分を覆うほど特異的に長く、幅も広いという特徴がある。

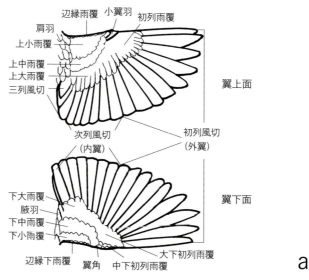

5 小鳥（スズメ）の翼の模式図（a）。風切羽の枚数は鳥の種類によって異なる。外翼、内翼、雨覆羽の位置に注意。bは背面。

小翼羽〈しょうよくう〉

　鳥の初列風切羽前縁で、ヒトの拇指にあたる部位にある3枚程度の小羽は小翼羽と呼ばれ（5a）、前上方へ挙上することによって翼前縁から離れ、翼上面との間に隙間を作ることができる（5b矢印）。これは固定翼機の主翼前縁の隙間（スラット）と同様な機能を発揮するもので、着地直前など低速で翼の迎え角が大きくなったときに、翼上面の気流の大きなはがれを防ぎ、失速を遅らせる働きをするといわれる。またスラットではなく、翼前縁の渦流発生片として翼表面への小渦流を生じさせて気流剥離を遅らせる機能があるとする説もある。いずれにしても低速、大迎え角をとったときに失速を防止する高揚力装置の羽で、筋と関節を持ち随意的に動かすことができる。

尾羽〈おばね〉

　尾羽の形は畳んだときの先端の形によって名称がつけられ、日本の小鳥は直線的な角尾かV字形に凹んだ凹尾が普通で、上下左右の動きのほか広げたり閉じたりすることができる。キツツキの楔尾は樹幹に縦方向に止まったときに体を支えることができる。鳥には飛行機の垂直安定板に相当する尾羽は無い。

　尾羽の羽軸は硬く、飛翔方法を変化させるときや、低速飛翔時に使用される。高速飛翔中は畳んで空気抵抗を減じるとともに、体によって生じた気流の乱れを整え、広げて上げれば上昇、下げれば下降、捻れば旋回、低速水平飛翔中に尾羽を広げれば揚力と安定性を増し、大きく広げて大きく下げれば急ブレーキとして働く。

　また飛び立ちや着地時には大きく広げ、迎え角も大きくなっていることから三角翼として揚力増加、失速防止に役立っているという説がある。

　モズやセキレイは停止中に絶えず尾羽を動かしているが、飛翔中は他の小鳥と変わらない。尾羽が失われても鳥は飛べるが、縦方向の安定性は損なわれるだろう。

　英国で燕尾の効果について行われた実験では、ツバメの長い外側尾羽を切除したり、逆に燕尾型でないイワツバメの外側尾羽に尾羽を瞬間接着剤で継ぎ足して長くして比較したら、燕尾は方向転換に有利に働いていることが証明されたという。

　飛翔とは別に、ツバメやサンコウチョウの雄の長い尾羽は装飾用、あるいはセックスアピールとしての役割もあるとされる。

雨覆羽〈あまおおいはね〉

　翼は上面、下面ともに、翼前縁から風切羽の基部にかけて辺縁、大、中、小の雨覆羽のグループによって覆われている（5a）。雨覆羽は部分的に重なり合い、前方の羽ほど高くなる屋根瓦状になっていて、全体として気流に対するスムーズな翼面を形成している。雨覆羽はコウモリの膜状翼の細短毛のように、翼の表面の気流の速度や剝離などのセンサーの機能を持ち、自動的に大迎え角、低速飛翔時の失速防止に役立っているといわれる。雨覆羽の役割は近年注目されるようになり研究が増え始めている（失速防止飛翔〈p.74〉参照）。

　6は初列風切羽、次列風切羽、三列風切羽、雨覆羽がそれぞれ別個のグループであることを示している。

6　ハクセキレイが翼を構成する羽のグループを立体的に見せている。A：雨覆羽、B：初列風切羽、C：次列風切羽、D：三列風切羽（セキレイ科の鳥の三列風切羽は他種より特異的に大きい）。

飛び立ち

　小鳥は翼面積当たりの重量が小さく、風に向かって脚のひとはねと翼のひとあおりで垂直飛び立ちができる。しかし場合によっては下方への飛び降りで開始することもある（7）。
　飛び立ちの初期には、まず左右の内翼を接触するほど高く挙上し、ついで外翼を伸展して翼全体を斜め前上方から後下方へ打ち下ろすことによって、揚力を得るとともに空気を後下方へ押し出して体を前進させる推力とする。
　飛び立ちのときは翼の打ち上げ、打ち下ろし（ストローク）の数、振幅、速度がいずれも最大となって加速される。
　ハトでは2番目のストロークが最大で、加速のうち1/4は脚の蹴りによるといわれる。
　ツバメ、セキレイなどは水面上の獲物の捕食や飲水後、失速寸前の速度で水面から上昇し、尖翼のツバメでも揚力増加のため初列風切を最大に広げて、一般的な小鳥に見られる楕円翼に近い形をとる（8）。
　カワセミが水中から上昇に移るには、趾(あしゆび)に水かきが無く"蹴り"による補助推力が得られないため、他の小鳥に較べて翼のストロークが大きい（9）。
　小型のチドリのように地上走行の巧みな鳥は、離陸時に助走をすることがある（10）。

　飛び立ちと上昇飛翔は、小鳥にとって多くのエネルギーを消耗するため長時間継続することはできない。モズやカワセミは、高所から飛び立つときには翼を畳んだまま前方へ飛び降り、その後に翼を広げる方式をとることが多い。この方式は多少でもエネルギーの節約になるだろう。

7 ジョウビタキ（雄）の飛び立ち。飛び立ちは必ずしも上昇で開始するとは限らない。時には飛び降りでスタートするが、上昇に移るために翼と尾羽は全開張されている。

8 尖翼のツバメ（左）やイワツバメ（右）でも飛び立ち時には揚力増加のため、初列風切羽を最大に広げ、楕円翼に似た形をとる。

9 水中から上昇を開始するカワセミ。趾(あしゆび)には水かきが無く、補助推力が得られないため翼のストロークはきわめて大きい。

10 このコチドリのように、地上走行の巧みな鳥は飛び立つときに助走をすることがある。

巡航飛翔

　翼を打ち上げるときには、翼幅を少し減じ、風切の各羽の羽軸後方の内弁が捻れたり撓んだりして個々に分かれてブラインドが開くように隙間を作り、空気がその間を通り抜けやすくして抵抗を減らし、エネルギー消耗をおさえる。
　この時、初列風切の各羽が、羽軸を上方湾曲の頂点とする翼型の翼となり、打ち上げ時にもわずかではあるがそれぞれの羽が揚力を生じるといわれる。
　ハチドリでは翼の打ち上げで25％、打ち下ろしで75％の揚力を得ているという。ツバメでは初列風切（外翼）が可変翼機のように畳まれ始め、後退翼の形となり高速安定性を増す。

　小鳥は"渡り"や群れで"ねぐら"に着くときなどを除けば、比較的低高度、短距離、短時間の羽ばたき巡航飛翔を10m／秒弱の速度で行う。飛び立ち時に比して羽ばたき数は減少し、打ち下ろしの方向は前方から側方へと後退する（11、12、13、14、15、16）。

　脚は引き込まれるが、その方式は2つあり、大多数の小鳥は足関節（ヒトの膝関節のように見える）を前上方へ屈曲して脚部背面を腹部に接しているが、イソシギやカワセミなどスズメ目以外の小鳥では、脚が短くてもツルやサギのように足関節を後方へ伸展する肢位をとっている。ごく短距離の飛翔では脚を引っ込めない。

尾羽は飛び立つときは揚力補助のため、開いていることが多いが、速度が増すとともに、開いていた尾羽は畳み込まれる。

　小鳥がトビやカモメのような大型鳥類のように帆翔（ソアリング）や長い滑翔（グライディング）をしないのは、翼面積当たりの体重は小さいものの翼の左右の長さ（翼幅）と前後の長さ（翼弦）の比も小さく、また流体力学的に見れば、体が小さく、速度も遅いため、帆翔や滑翔に不適で、羽ばたかなくては滞空し難いのであろう。

　例外的にツバメは最大28m／秒の高速飛翔ができるため、揚力低下の心配なくトレードマークの後退翼姿のスピードに乗った長い滑翔が可能で、滑翔中に羽繕いをしたりする余裕があるが、やはり帆翔はできない。ツバメでも高速の巡航飛翔を維持するために時々大きく羽ばたいている。コチドリやコアジサシの巡航飛翔の姿はカモメに似ているが、スピードが足りずツバメのような長い滑翔はできない。

11　巡航飛翔中のジョウビタキ（雌）。抵抗を減らすため直線的な体位をとっている。

12 メジロサイズに近い小型のセッカは草原に棲み、波状飛翔（p.57）をする。この時ヒッヒッと鳴くことが多い。

13 ツグミの巡航飛翔。風切羽のほか、小翼羽、各種雨覆羽、肩羽がよく見える。

14 スズメの飛翔。日常の生活ではあまり長距離飛翔をしない。

a

b

c

d

15 ヒバリの飛翔を0.2秒間隔でとらえた4枚の写真。連続羽ばたき飛翔をする一般的な鳥の飛び方である。a：翼の打ち下ろしの途中。b：打ち下ろしほぼ終了。飛び立ち時より羽ばたきの上下動の差は少ない。c：打ち上げに移る翼の各風切羽は抵抗を減らすためブラインドを開いたように隙間が生じている（左翼先端に見える）。翼の打ち上げ時にもわずかではあるが揚力を生じているという。d：打ち上げ後の翼では隙間は閉じている。

16 小魚をくわえて水面上を直線飛翔するカワセミ。**a・d** のように大きな羽ばたきもするが、**b・c** のように外翼（光線の加減で黒く見える）を部分的開張にとどめて飛翔していることが多い。この時、上方からは小さな三角翼の形に見える。カワセミの巡航飛翔は高速飛翔とほとんど変わらない。0.2秒間隔の連写。

下降と着地

　飛翔高度を下げるときは、羽ばたきを減じ、着地目標に近づくと短い滑翔をすることが多い。
　ついで体を起こし、翼を大きく開いて内翼の断面の上方へのふくらみと迎え角を大きくして揚力を増し（17、18）、翼端は逆に前方へ捻り下げて迎え角を減らし、内翼の大きな迎え角によって起こる失速を遅らせる（19）。
　ムクドリやレンジャクは初列風切を少し畳んで滑翔に入る。
　大型鳥に比して小鳥の内翼部分は短いため、一見すると三角翼のようである。このスタイルは空気抵抗が少なく、翼の長さ（翼幅）は小さくなるが滑翔距離を延ばすことができる。
　着地直前には、体を垂直近くまで起こし、速度がなお速すぎれば羽ばたいたり、大きく開いた尾羽の腹側への屈曲を強めたりしてさらに速度を落とし、引っ込めていた脚を目標に向けて伸ばして着地のショックの吸収に備え、失速状態で着地する。
　カワセミは水辺の植物や小さな岩に止まるが、脚は貧弱で地上歩行には適さない（20）。
　メジロのような小型の鳥は減速が速く、体重も軽いので趾（あしゆび）や足関節への負担が少ないせいか、翼を畳み終わった状態で着地することも多い。
　モズは着地前にふわりと浮き上がるような飛び方をするため、遠方からでも識別しやすい。
　急激に高度を下げる方法としてカモ類などの大型鳥は、短時間の背面滑翔をしたり、固定翼機のように横滑り降下を行ったりするという。

17 体を垂直位近くまで起こし、着地直前のムクドリ。両翼の小翼羽が挙上され、下大雨覆羽が下がっている。失速防止のためであろう。

18 着地点近くで、体を起こし、翼を広げ、大きな迎え角で減速するツバメ。

19 着地直前のハクセキレイ。翼を開張し、内翼の迎え角と上方へのふくらみを大きくして揚力を維持し、翼端は捻り下げて迎え角を小さくして翼端失速を遅らせている。

20　着地した瞬間のカワセミ。脚は貧弱で、前向きの3本は基部で癒合していて魚をつかむことはできないが、嘴（くちばし）の力はきわめて強い。

さえずり飛翔

　繁殖期のヒバリは"上り鳴き"をしながら次第に高度をとり（21）、"空鳴き"または"舞鳴き"の滞空飛翔へ移行する（22）。

　旋回やホバリングで滞空飛翔をしていたヒバリは"下り鳴き"に移り着地するが、地上近くになったら、時には羽ばたきも滑翔もなく、翼を広げたまま水平位でバランスを保ちながら垂直に下降し、目標地点に着地する技量を持っている（23）。

　しかし時には"下り鳴き"を続けながら翼を畳み、頭を下にしてハヤブサのようにほぼ垂直に急降下してくることもある（24）。

　草原に棲む小型のセッカはさえずりながら波状飛翔（p.57）をするが、上昇時と下降時の鳴き声を使い分けている。

21-22 上21 "上り鳴き"をしながら上昇するヒバリ。
下22 "空鳴き"をしながら滞空飛翔をするヒバリ。
大きな円を描いたり、ホバリングをしていたりする。

上 23 滞空飛翔をしていたヒバリは、"下り鳴き"に移るが、地上近くで迎え角 0°程度の翼を広げたまま水平位でバランスをとって、滑翔ではなく垂直に下降してくることがある。
下 24 "下り鳴き"をしていたヒバリが、翼を畳み、頭を下にして、ほぼ垂直に下降することがある。ハヤブサの急降下に似ているがスピードは速くない。

高速飛翔

　高速飛翔時の羽ばたきは巡航飛翔時よりも増加する。代表的な高速飛翔鳥であるツバメの飛翔パターンは単純ではない。採餌(さいじ)の場が主として空中であることとも関係すると考えられるが、飛翔中、翼の形を絶えず変化させアクロバティックな飛翔を展開する。長い初列風切羽を畳んで薄い翼厚の高速ジェット機のような後退翼とし、羽ばたきを減らし、滑翔主体で超低空を矢のように飛び過ぎる姿はまさにツバメならではである（25）。この時の後退翼の迎え角はマイナスに近く、翼は通常下反角の状態にある。高速といっても小鳥の速度では、ジェット機の場合のような後退翼効果は無いはずだが、それでも空気抵抗の減少はあるだろう。

　ツバメについで高速飛翔をする小鳥はカワセミや小型のチドリ類やシギ類であろうか（26、27、28、29）。いずれも水面近くを水平直線羽ばたき飛翔する。内翼はやや前進、外翼は後退し、手関節部の突出（翼角）が目立ち、羽ばたきの振幅（上下動差）は減少するが羽ばたき数は増加している。

　一般に高速飛翔中は、後退角は増加し、左右の翼の長さは速度増加とともに畳まれて減少して抵抗を減らす。この時、内翼は逆に前進角をとっているが、小鳥の内翼は短いので目立たない。

　ムクドリ（30）は頻回の羽ばたきで水平直線飛翔を行い、ヒバリ（31）の高速飛翔は一般の小鳥と同じようなパターンで、外翼はいずれもツバメやシギほどではないが後退角位にある。

　ツグミの高速飛翔は独特で、とくに高空の長距離飛翔で見られる。数回羽ばたいたあと、外翼を畳んで体側に近づけ、また外翼を開いて羽ばたくという一見波状飛翔に似たところがあるが、内翼、外翼は完全に畳まず上下動のない直線飛翔をする。キジバトも似たリズム的な飛翔をする。イソシギやアマツバメの水平直線飛翔は外翼を震わせるような羽ばたき飛翔である。

25 高速滑翔をするツバメ。初列風切羽と尾羽は畳まれ、翼の後退角はほぼ最大となって迎え角はマイナスに近く、翼は下反角をとっている。羽ばたき飛翔中の翼の後退角は打ち下ろし直後に最大となり、ツバメはそのまま滑翔を続けることが多い。大きな後退角の翼の揚力は減るが、速度は増す。

26 コチドリの高速飛翔。内翼は前進角、外翼は後退角をとり、翼角（ヒトの手関節部にあたる）が目立つ。

27 イソシギは外翼を震わせるように羽ばたきながら水面近くを高速で水平直線飛翔をする。

28 クサシギの高速飛翔。典型的な後退翼と下反角の姿が見られる。

29 水面すれすれに高速水平直線飛翔をするカワセミ。翼の開張は少なく、外翼が短いため目立たないがツバメの高速飛翔と同じような後退翼の飛び方だ。ただしツバメのようなアクロバティックな飛翔はしない。

30 ムクドリは頻回の羽ばたきをしながら比較的高空を水平直線飛翔する。着地点に近づくと外翼を少し畳んで、一見、三角翼状の形をとって滑翔に入る。

31　ヒバリの高速飛翔は、一般の小鳥と同じように外翼は後退角をとるが、その角度は小さい。

低速短距離飛翔

　樹間の枝渡りや水辺の飛び石渡りなど、数mの短距離飛翔は低速で、翼、尾羽とも大きく広げ、迎え角を増し、羽ばたきを増加して失速を防ぐ。

　多くの場合、頭部は水平、体幹は立位傾向、翼の長さと翼断面の上方のふくらみは大きく、尾羽は開くというホバリング(p.51)や着地直前のものに近く、脚は出したままである（32、33、34、35）。

　32のスズメに、低速短距離飛翔をするときの小鳥に典型的な体幹を起こした体型が見られる。

32 低速短距離飛翔をする小鳥の典型的な姿を見せるスズメ。翼、尾羽を広げ、迎え角を増し、失速を防ぐために羽ばたき数を増す。頭部は水平、体幹は立位傾向、翼は大きく広げ、ホバリングや着地直前のものに近い。脚は出していることが多い。

33 ツバメの低速飛翔。翼と尾羽を広げ、小翼羽も少し開いている。

34 ムクドリの低速飛翔。外翼を少し畳み、遠方から見ると三角翼的な印象を受ける。滑翔中に尾羽を開いて減速しているようだ。

35

イソシギ（a）の低速飛翔。
地上にいるイソシギは姿も大きさもセキレイ類（b）に似ていて、体長は同じ20cmほどだが、開張した翼幅はイソシギが約1.5倍ほど長く、長距離飛翔に適していることがわかる。

急制動

　飛翔中に餌を見つけたり、危険物に遭遇したりした場合などに急制動をすることがある。
　この時は、翼、尾羽ともに最大限に広げ、垂直に近い体位をとる。
　必要があれば羽ばたいて前方への抵抗を増して減速する（36、37、38）。
　38のツバメでは、両小翼羽の挙上とともに両上翼雨覆羽の局所的な挙上が対称的に起きている。小渦流を発生させ大きな気流剝離を防止して揚力を保持するためであろう。
　メジロなどの小型の鳥の減速は速い。

36　急制動をするヒヨドリ。尾羽を最大に広げ、翼はブレーキをかけるために羽ばたいている。ジェットエンジンの逆噴射やプロペラピッチの変更のようだ。

37 急制動をするメジロ。体は小さくても翼と尾羽の動きは大きなヒヨドリと全く同じである。1/2500のシャッター速度でも、初列風切羽の反り返り程度が通常の飛翔やホバリングでは見られないほど大きいことから、大きな負荷がかかっていることが推察できる。

38 ツバメの急制動を上方から見る。翼と尾羽を大きく広げ、体幹は垂直近くまで起こしている。両小翼羽とともに上面の雨覆羽の部分的な挙上が見られる（失速防止飛翔〈p.74〉参照）。右下に部分的に見えるのは水平飛翔中のツバメで、体位の違いがよくわかる。

停空飛翔〈ホバリング〉

　餌などの目標に狙いをつける場合に行われる羽ばたき飛翔はホバリングとも呼ばれ、空中の一点に停止しているように見える。
　チョウゲンボウやハチドリが頻繁に行うことがよく知られているが、小鳥は得意、不得意の差はあっても可能である。

　ヒヨドリ（39）、ジョウビタキ（40）、カワセミ、ツバメなどのホバリングは野外でしばしば見ることができる。
　体を垂直近くまで起こし、急制動の時ほどではないが尾羽を広げて前方（腹側）へ大きく屈曲し、翼を頻繁に大きく打ち下ろす。この姿勢と動きは低速飛翔時よりも強調されている。
　この時、尾羽は下げ舵の位置にあるにもかかわらず前傾位（ノーズダウン）とならず、増加した羽ばたきの吹き下ろし効果で揚力の増加に役立つという。
　ホバリングをするときは揚力が得やすく、同時にエネルギー消費を低くおさえるため通常風に向かって行われる。
　この体位と動作は、発見した目標に向かって瞬時の頭下げ急降下を可能とするために有効と考えられる。
　ヒバリやチョウゲンボウが高空で行うホバリングの体位は水平位に近い。強い風に流されるのを防いだり、飛翔を長時間続けたりするのに適しているようだ。
　ツバメは、ヒナへの給餌の際も巣に止まらずにホバリングをしながら行うのが普通で、巣立ちした幼鳥もホバリングしながら空中で親鳥から餌を受け取ることがある（41）。

小鳥は必要に応じて地上、水面上や空中、水中の獲物を捕食する際のほか、雄は交尾時にもしばしば瞬間的にホバリングに似た飛翔をする。

　大型鳥類は、チョウゲンボウ、ミサゴ、チュウヒなどを除いてホバリングを行わない。

　ホバリングしながら昆虫のように後退飛翔も可能なハチドリ（42）は、翼や筋の構造が昆虫と異なっているものの、体の大きさは鳥類最小で、流体力学的には昆虫に近いため、スズメガのように8の字を描く翼の動きで同様の飛翔が可能となるのだろう。

　2011年に米国でハチドリロボット"Nano Hummingbird"がホバリングを含む羽ばたき飛翔に成功したと報じられた。

39 ホバリングするヒヨドリ。尾羽は下げ舵の位置にあるが体位の前傾はない。尾羽はあまり開いていないが羽ばたきによる吹き下ろし効果で、揚力の増加が得られるという。

40 ジョウビタキ（雌）のホバリング。採食するピラカンサなどの実の前でよく見られる。

41 ツバメは、巣立ち前のヒナへの給餌をホバリングしながら行うのが普通で、巣立ちした幼鳥（左）も親鳥の後を追って飛び、ともに空中でホバリングしながら餌を受け取ることが多い。

42 ハチドリ（アンナハチドリ、雌）のホバリングはじつに
巧みで、高速からの急停止や昆虫のように後退もできる。
スズメガの飛翔を連想させる（米国モジェスカで撮影）。

波状飛翔

　小鳥の飛翔パターンは2通りに分けられる。

　1つはムクドリやカワセミのような水平直線飛翔で多くの小鳥に見られ、もう1つはセキレイ（43）、ヒヨドリ、セッカなどの波状飛翔である。

　波状飛翔は羽ばたき跳躍飛翔とも呼ばれ、羽ばたいて上昇したあと、いったん翼を畳んで体側に付けて降下飛翔を行い、ついで再び羽ばたいて上昇飛翔に移るサイクルを繰り返す。

　波状飛翔のほうが、羽ばたき続ける必要がある水平直線飛翔よりエネルギー節約になるという説が多いようである。

　大型鳥類は波状飛翔を行わない。

　ムクドリとレンジャクは羽ばたきと滑翔を交互に繰り返すが波状飛翔ではない。

43 波状飛翔をするキセキレイ。
a：翼を畳んだ状態。b：羽ばたいて上昇。c：再び翼を畳んで体側に付け、降下飛翔に移る。d：再び羽ばたいて上昇開始。この連写では、a〜d 間が短距離であったため 0.6 秒のサイクルで行われているが、通常は 1 秒以上かけて行われる。

旋回飛翔

　小鳥は直線飛翔中も絶えず翼を広げたり、畳んだりしてその面積を変更し、羽ばたき数や上下動差も変えるが、通常は両翼とも左右対称的に動かしている。旋回のための操作の基本はこの動きを左右非対称性に変え、旋回の内側へ体を傾けることにある。

　固定翼機が旋回する場合は、方向舵と主翼の補助翼を使用し、まず旋回方向へ機体を傾け、必要に応じて水平安定板の昇降舵も操作して高度の維持や旋回半径のコントロールをするが、鳥には方向舵が無く、旋回のための操作としては下記のような方法がある。鳥の旋回も固定翼機と同様に旋回方向への体の傾き（前後軸を中心に傾く。翼端は旋回の外側が上に、内側が下になる）をきっかけに開始する。

1．翼面積を左右非対称とする。
　翼を畳んだ側へ体が傾き、同方向へ旋回する。

2．滑翔中に左右の翼の上・下反角を非対称に変える。
　翼を下げた（打ち下ろしではない）側へ旋回する。飛翔中に障害物や捕食者を避けるなど複雑な飛翔コントロールが瞬時に必要なときに行うようだ。旋回時の左右非対称性の動きは樹間生活の小鳥ほど大きく、コチドリなど地上の開けた空間に棲む小鳥では少ない。

3．左右の翼の捻れ（ねじ）を変える（迎え角の変更）。
　これは、ライト兄弟のフライヤー号と同じ旋回方法で、翼の後縁を上げた側（迎え角の減少側）へ旋回する。固定翼機の補助翼の機能にあたる。44のセグロセキレイは左旋回となる。

4．左右の翼の羽ばたき数や上下動差を変える。

羽ばたきや打ち下ろしの動きの少ない側へ旋回する。旋回を止めるには旋回内側の翼の動きを増す。手漕ぎボートの進路変更や双発機エンジンの左右出力変更のようだ。45のヒヨドリは右旋回となる。

５．尾羽を広げて捻る。
　尾羽縁を背側へ上げた側へ旋回する。滑翔中の緩旋回ならこれで旋回が可能（46は左旋回）。高度損失が少なく、小鳥ではツバメが多用する。スタブ・チルトと呼ばれ、小型紙製模型グライダーの旋回調整には方向舵調整よりも有効。ただし鳥の場合は、上記１〜４のような翼の形状変化による旋回も可能なため、尾羽は旋回のためというよりは急旋回による螺旋降下を防いで高度を維持するための"あて舵（逆舵）"として逆方向へ捻って使用しているようだ。

　47はツバメの右垂直旋回、48はヒヨドリの羽ばたき左急旋回で、旋回方向と逆の尾羽縁が挙上される"あて舵"がとられている。急旋回では、旋回の内側へほぼ90°横転した体位となるが、鳥では、体幹は横転しても頭位は変わらず、両眼を結ぶ線は水平位を保つ。
　49はメジロの羽ばたき右緩旋回で、迎え角、尾羽の捻りともに変化は少ない。固定翼機の曲技飛行でナイフエッジという90°横転位継続飛行があるが、この時は方向舵が昇降舵のように高度を保つために使用される。背面飛行時に昇降舵を下げ舵として機首を上に向け、主翼に迎え角をつけて水平飛行を保つのも同様の用法である。

　高速旋回中は"あて舵"が有効であることは、紙製グライダーの例でも確認できる。例えば、左旋回（左横転位）するように水平尾翼を傾けた機体を右横転位でショックコード発進させると右旋回で上昇し、低速

になると左旋回に移り、降下してくる。これは旋回が機体の左右への傾き（横転）によって開始されることを示す例ともいえる。

　鳥では速度、尾羽や体幹の上下左右への屈曲、捻りなどの変化が同時反射的に組み合わされて、水平面の旋回運動のみならず宙返りや横転を立体的に可能にしている。小鳥の曲技飛翔能力は種（しゅ）によって異なるが、加速度急増への耐性は充分にありそうだ。

　50上は、ピラカンサの実（赤色）をくわえたヒヨドリが、上下左右のシュロの葉と正面の壁の間の隙間を飛び抜けるところを後方から見たもので、体を非対称に大きく変形していることがわかる（50下）。樹間を飛ぶ小鳥は、このような動作が反射的、瞬間的に可能で、しかも失速することはない。

築地書館ニュース｜自然科学と環境

TSUKIJI-SHOKAN News Letter

〒104-0045 東京都中央区築地7-4-4-201　TEL 03-3542-3731　FAX 03-3541-5799

ホームページ http://www.tsukiji-shokan.co.jp/

◎ご注文は、お近くの書店または直接上記宛先まで（発送料230円）

古紙100％再生紙、大豆インキ使用

《生き物の本》

キノコと人間　医薬・幻覚・毒キノコ

ニコラス・マネー［著］小川真［訳]

2400円+税

キノコの生態、植物との共生関係、現代栽培キノコ事情、放射能とキノコから、毒キノコの見分け方、中毒の歴史まで、菌類研究の第一人者が、解き明かす！

土と内臓　微生物がつくる世界

D・モントゴメリー+A・ビクレー［著］片岡夏実［訳］　◎2刷　2700円+税

農地と私たちの内臓にすむ微生物への、医学、農学による無差別攻撃の正当性を疑い、地質学者と生物学者が微生物研究と人間の歴史を振り返る。

貝と文明　螺旋の科学　新薬開発から足糸で織った紺の話まで

ヘレン・スケールズ［著］林裕美子［訳］

2700円+税

気鋭の海洋生物学者が、古代から現代までの貝と人間とのかかわり、軟体動物その物の見どころを書き尽くす！

鳴く虫の捕り方・飼い方

後藤啓［著］　1800円+税

美しい声をもつ鳴く虫21種。すむ場所・時間・方法などの捕り方と、育て方を全公開。子どものころから鳴く

《植物・環境の本》

林業がつくる日本の森林
藤森隆郎[著] 1800円＋税
森林生態系と造林の研究に携わってきた著者が、生産林として持続可能で、生物多様性に満ちた美しい日本の森林の姿を描く。

チベット高原の不思議な自然
村上哲生＋南基泰[著] 2400円＋税
7000mを超えるヒマラヤ山脈の北にあるチベット高原の湖・川・植物の謎と魅力。

錆と人間
ジョナサン・ウォルドマン[著] 三木直子[訳]
◎2刷 3200円＋税
ビール缶から戦艦まで錆という自然の脅威に、新たな技術と戦った経験を武器に立ち向かった人類の戦い。

樹は語る
清和研二[著] ◎2刷 2400円＋税
芽生え、熊棚、空飛ぶ果実森をつくる12種の樹木の生活史を、緻密

落葉樹林の進化史
恐竜時代から続く生態系の物語
ロバート・A・アスキンズ[著] 黒沢令子[訳]
2700円＋税
生物多様性を重視した森林保全策を探る。

グリム童話と森
ドイツ環境意識を育んだ「森は私たちのもの」の伝統
森涼子[著] 2000円＋税
ドイツ人の森への愛はどのような変遷を経て形成されたのか。森と人との関わりを描く。

ナチスと自然保護
景観美・アウトバーン・森林と狩猟
フランク・ユケッター[著] 和田佐規子[訳]
3600円＋税
ドイツ自然保護の実像を鮮やかに描く。

原子力と人間の歴史
ドイツ原子力産業の興亡と自然エネルギー
ヨアヒム・ラートカウ＋ロータル・ハーン[著]
山縣光晶ほか[訳] 5500円＋税

ハルキゲニアの古生物学入門 が

先生、インギンチャクが腹痛を起こしています！

学生がヤギ部のヤギの髭を切って筆をつくり、メジナはルリスズメダイに追いかけられ、母モモンガはべぇを見てる足踏みする。

自然豊かな大学を舞台に起こる動物と人間をめぐる事件を人間動物行動学の視点で描く、シリーズ第10弾。

- 先生、洞窟でコウモリとアナグマが同居しています！
- 先生、ブラジムシが取っ組みあいのケンカをしています！
- 先生、大型野獣がキャンプに侵入してください！
- 先生、モモンガの風呂に入ってください！
- 先生、ギンヤギに出張り宣言しています！
- 先生、カエルが脱皮してこの皮を食べています！
- 先生、マリスたちがイタチを攻撃しています！
- 先生、シマリスがハビの頭をかじっています！
- 先生、巨大コウモリが廊下を飛んでいます！

小林朋道［著］　各1600円＋税

ホームページは：http://www.tsukiji-shokan.co.jp/

ハルキゲニアの古生物学入門

古生代編／中生代編

川崎悟司［著］　各1300円＋税

カンブリア紀の浅い海に生息していたカギムシの一種・ハルキゲニアの「ハルキゲニアたん」による、古生物学入門書。

新しい生き物たちの挑戦の時代、ミステリーだらけの古生代と、恐竜、魚竜、翼竜、哺乳類の遠い祖先、そしてわれわれの遠い祖先、オールカラーのイラストが登場してくれた中生代を、楽しくナビゲート！

たっぷりで楽しくナビゲート！

日本の白亜紀・恐竜図鑑

宇部宮聡＋川崎悟司［著］　2200円＋税

白亜紀の日本で躍動した動物たち。化石、研究成果をもとにした生活環境や生態のイラスト、化石、産地の写真が満載。

日本の恐竜図鑑
日本の絶滅古生物図鑑
じつは恐竜王国日本列島

宇部宮聡＋川崎悟司［著］　各2200円＋税

価格は、本体価格に別途消費税がかかります。価格・頒数は2017年1月現在のものです。

海の寄生・共生生物図鑑

海を支えている小さなモンスター

星野修+齋藤暢宏[著] 長澤和也[編著]

1600円+税

水族館等生物をはじめとするユニークな生き物たちをオールカラーで紹介。

天然アユの本

高橋勇夫+東健作[著]

◎2刷 2000円+税

天然アユを増やすため、豊かな川を取り戻すのに何ができるか、答えを見出すヒントがこの本に。

地底

地球深部探求の歴史

D・ホワイトハウス[著] 江口あとか[訳]

2700円+税

人類は地球の内部をどのように捉えてきたのか。地球と宇宙、生命進化の謎が詰まった地表から内核まで6000kmの探求の旅。

野生ミツバチとの遊び方

トーマス・シーリー[著] 小山重郎[訳]

2400円+税

ミツバチ研究の第一人者が、ミツバチを追いかける「ハチ狩り」のノウハウを大公開。ハチ狩りの面白さと醍醐味を伝える。

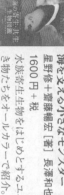

生物界をつくった微生物

ニコラス・マネー[著] 小川真[訳]

◎4刷 2400円+税

原核生物や菌類、バクテリア、古細菌、ウイルスなど、その際立った動きを紹介しながら、驚くべき生物の世界へ導く。

《地球・地質の本》

日本の土

地質学が明かす黒土と縄文文化

山野井徹[著] ◎4刷 2300円+税

火山灰土と考えられてきたクロボク土は、縄文人が1万年をかけて作り出した文化遺産だった。日本列島の形成から表土の成長まで、考古学、土壌学を支えて解説する。

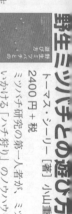

価格は、本体価格に別途消費税がかかります。ご請求は小社営業部 (tel 03-3542-3731 fax 03-3541-5795) まで。
総合図書目録進呈します。価格・刷数は 2017 年 1 月現在のものです。

44 右翼の迎え角を増し、左翼の迎え角を減らし左旋回に入るセグロセキレイ。飛翔中に旋回方向へ体を傾けてから旋回に移る一般的な方法である。

45　左翼の初列風切羽の動きを増加して、右旋回を開始しようとするヒヨドリ。

46 滑翔中のツバメで、尾羽を右へ捻って(左縁を上へ、右縁を下へ)いる。緩旋回ならこのままで左旋回に移る。

47 右垂直旋回中のツバメ。尾羽は"あて舵（逆舵）"として右へ捻られ（左縁を上へ、右縁を下へ）ている。これは46と逆であるが、高速急旋回の時は螺旋降下に陥るのを防ぎ、旋回中の高度を維持するための対策と考えられる。上昇旋回や下降旋回もするが、その時は斜め宙返りの形になる。

48 ヒヨドリの羽ばたき左急旋回。鳥は横転位の旋回中でも頭位は旋回前と同じ（両眼を結ぶ線は水平位）に保たれている。47 のツバメも同じ。鳥では体が 90°横転しても両眼を結ぶ線は水平位を保つ。

49 メジロの羽ばたき右緩旋回。広げられた尾羽の捻り(左縁がやや上)も翼の迎え角の左右差(左がやや大)も少ない。

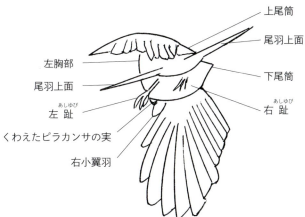

50 上 ヒヨドリの飛翔技術。ピラカンサの実（赤色）をくわえて、シュロの葉（A、B、C、D）と壁（E）の間の狭い空間を左斜め下方へ飛び抜けようとする姿を後方より見る。
下 上のヒヨドリの模式図。開大した尾羽を左前下方に捻り（右縁が上）、伸展した右翼を打ち下ろし、左翼はほとんど畳んだ状態である。

滑翔と下反角

　小型の鳥は帆翔はできないが、種類、大きさによって得意、不得意の差はあるものの、ハチドリを含めて滑翔は可能である。アマツバメやハチクイは体のサイズが小さいにもかかわらず巧みな滑翔を見せる。高速飛翔が可能なためであろう。

　滑翔速度は同一個体でも翼幅（開張度）によって異なるが、タカ科の一部を除きほとんどすべての鳥の翼（とくに外翼）は下反角をとっている（51、52、53）。主翼が下反角をとると、側方への不安定性が生じ、横転傾向が強くなるため、固定翼機では採用されず、例外的に運動性を重視する戦闘機（例えばハリアー）や過度の安定性を減じる必要性のある肩翼機（例えばC5ギャラクシー、An225ムリーヤ）などで下反角が見られる程度である。

　鳥には垂直尾翼が無いため、翼の下反角はさらに横方向（ロール軸）の不安定性を増すことになるが、鳥の場合は飛翔速度が遅く、平衡覚、視覚が優れているため、不安定性は採餌や捕食者から逃れるために必要な運動性の向上にむしろプラスとなるのであろう。下反角滑翔をしている鳥でも、着地直前には安定性のよい上反角に変更することが多い。

　鳥は高度の運動性（操縦性）とともに次項のように、低速で行われる曲技飛翔でも全身的な能動的、あるいは自動的な反応で失速を免れる能力を持っている。ハマシギやムクドリは大群の密集飛翔をするが個体間の衝突は起こらない。しかしガラス窓に衝突したり、かすみ網にかかったりすることを考えると、反射運動に優れた小鳥にも限界があるようだ。

51 滑翔するイソシギ。両翼（とくに両外翼）は下反角で、良好な運動性確保のために、横転（ロール）方向の不安定性の保持を優先しているようだ。

52 カワセミの滑翔。速度があれば、短い内翼でも必要な揚力は得られるようだ。

53　滑翔するツバメ。両翼は下反角で、不安定性の保持によって運動性を高めている。

失速防止飛翔

　鳥は失速しないといわれている。
　例えば、大迎え角の低速飛翔中でも急激な方向転換などの動作変更が可能である。その一方、飛翔中の獲物を捕らえたり、逆に捕食者から逃れたり、また着地時などの場合には意図的な失速を行っている。

　固定翼機なら確実に失速する状況でも、鳥が揚力保持を可能にしているのは、優れた視覚、平衡覚とともに能動的、受動的に対応できる翼（羽）の働きが大きい。翼の働きとしては必要に応じて迎え角、上反角、面積、翼断面の上方へのふくらみ、推力（羽ばたき）などを対称的、非対称的に変化させ、さらに緊急、急激な動作の場合は、随意的に働く小翼羽や、不随意的、局所的に作動して気流の翼面からの剥離を防ぐ上雨覆羽の役割が大きい。
　上雨覆羽は、翼上面に対称的または非対称的に局所的に発生する小渦流によって挙上され、渦流発生装置（渦流フラップ）のように大きな気流剥離を防ぐと考えられる（54、55、56矢印）。

　57は、迎え角と気流の関係を示す模式図で、Aは正常、Bは失速、Cは渦流フラップによって翼上面に小渦流（小乱流）を発生させ失速を防止または遅延させる可能性を示している。
　専門的な表現では、翼表面の乱流層は抗力を増すが、層流層より剥離しにくいという。鳥の翼上面の雨覆羽は、小渦流発生装置として近年注目されるようになり、渦流フラップ、揚力増強効果装置、自動作動フラップなどの名称で呼ばれているがなお研究が必要で、55のメジロのような小型鳥での記録はまだないようである。

翼下面（58 矢印）と前縁（59 矢印）の雨覆羽は、フラップのように翼面積の増加によって揚力保持に役立つのであろう。17 のムクドリの例も同様なもののようだ。

　着地直前に内翼の下雨覆が前下方へ向けて下げられ、固定翼機のクルーガー・フラップのように失速防止の役割を果たすことがあるという報告がある。これは飛翔中のソウゲンワシ（タカ科イヌワシ属）に装着したビデオカメラの映像分析によるもので、自動的に始まるのではないかといわれ、興味がある。
　私がイソシギ内翼前縁で認めた雨覆羽の下垂（59 矢印）も類似の自動的なもののようだ。いずれも低速飛翔時の揚力保持を目的として失速を防止しているようである。上下雨覆羽には随意筋の支配は無く、他動的または反射的な作動という。このほか、50 のように尾羽を開大したり、捻ったり、上下動したりする随意的な動作も揚力保持に役立っている（鳥は尾羽が無くても飛翔、旋回は可能である）。

　固定翼機の場合は、主翼の補助翼（エルロン）、下げ翼（フラップ）、スラット、尾翼の方向舵（ラダー）、昇降舵（エレベーター）の作動、推力の変化などによって失速防止に対応している。機体が鳥よりも大きいため高速飛行中はあまり問題にならないが、低空で過度の低速飛行をしたり、螺旋降下（スパイラルダイブ）やきりもみ（スピン）に陥ったりすると致命的な結果となる。

54 　地上近くで着地点を急変したヒバリ。低速での急激な操作による失速を防ぐため、両翼上面の気流の異常を感知した雨覆羽の非対称な挙上が自動的に起こり（矢印）、小渦流を発生させて翼面の大きな気流剥離による失速を防止しているようだ。自動的な渦流発生装置または渦流フラップといえよう。

55 着地直前のメジロ。両翼、尾羽を大きく広げ、低速、高揚力を図ると同時に、翼上面の雨覆羽が左右ほぼ対称に大きく挙上されている（矢印）。これは自動的に挙上された雨覆羽によって小乱流を発生させ、失速の原因となる翼上面の気流の大きな剥離を防ぐためのもので、追い風によるものではなく、また速度を落とすためのブレーキ（スポイラー）でもないようだ。

56 着地直前のクサシギ。両翼上面の雨覆羽に非対称な挙上が見られる（矢印）。54、55と同じ失速防止対策であろう。

飛翔中の気流と翼型の関係模式図。
A：正常な場合。
B：大迎え角のため翼上面から気流が剥離し、揚力減少、抵抗増大のため失速をきたした場合。
C：鳥では、上雨覆羽が気流の変化に応じて自動的に挙上され（矢印）、後方の翼上面に小渦流を発生させ気流の大きな剥離を防いだり、緩やかにしたりしている（**54**、**55**、**56**）。

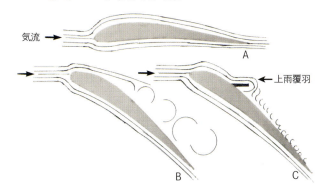

58 着地直前のキセキレイ。左翼下面の雨覆羽が下げ翼（フラップ）のように下垂している（矢印）。低速時の高揚力装置の1つだろう。翼弦の中央近くに下げ翼を持つ固定翼機にはワコ（Waco、USA）の複葉機があった。

59 着地直前のイソシギ。右内翼前縁の雨覆羽が下垂している（矢印）。固定翼機のクルーガー・フラップのように低速時の揚力増大の役割を果たしているようだ。

採餌飛翔

　カワセミやカワガラス以外の小鳥は地上または樹上で採餌していることが多いが、空中や水面の昆虫を捕らえるときは飛翔しながら行う。ツバメやセキレイは、空中の飛翔昆虫や水面近くを浮遊するユスリカの幼虫、蛹や羽化直後の個体をさかんに捕食している（60、61）。

　枝から飛び立ったヒタキ類が飛翔昆虫を捕らえたあと、もとの枝へ戻る失速反転飛翔もよく見かける。ジョウビタキがホバリングしながらピラカンサの実を頸（くび）の180°回旋で捻り取るという曲技飛翔的場面が見られることもある。ヒヨドリやムクドリには全く容易なことでも、ジョウビタキサイズの小鳥にとっては、引きちぎるより頸部の可動性を利用して捻り取るほうが容易なようだ（62）。

　カワセミは水面近くに適当な止まり場所が無い場合、コアジサシと同じように水面上でホバリングしながら水中の獲物を狙う。水中ではカワガラスと同じように瞬膜（しゅんまく）（まぶたの内側にある薄い膜で、水中では閉じて眼球を保護する）を閉じている（63）。ツバメの飲水は、大口を開けたまま水面をかすめて飛翔し、水をすくい取るように行われる（64）。

　稀に、65のツバメのように飛翔を続けながら頸部を急激に180°回旋して水を吐き出すことがある（遠心力を利用するのだろうか？）。吐き出された水は、拡大写真によれば連なる小水滴として認められる。この時、瞬膜は常に閉じられている。カワセミでも同じ動作が見られた。おそらく採食または飲水時に過剰の水を口中に含んでしまった場合であろう。

　飛翔中の小鳥が被捕食者となることがある。例えばハイタカ、ツミなどは樹間を縫って逃げる小鳥を追う巧みな飛翔技術を持ち、ハヤブサは"渡り"をするヒヨドリの群れを襲い、モズはスズメ目の鳥でありながら小鳥を追いかけて捕らえる。私は、夕空を遅くまで飛翔を続けるツバメを、アオバズクが横合いから飛び出してつかみ取る場面を目撃した経験がある。いずれの場合も小鳥は一方的な犠牲者で、捕食者に対しては集団による擬似攻撃程度の手段しかない。

60 　飛翔昆虫（矢印）を捕食しようとするセグロセキレイ。

61 水面上を浮遊する餌（矢印）を飛翔しながらついばもうとするキセキレイ。58のキセキレイと同じように下雨覆羽が下垂している。低速時の高揚力装置であろう。

62 ジョウビタキ（雄）がホバリングしながら、くわえたピラカンサの実を、頸を180°回旋して捻り取ろうとしている。

63 カワセミは水中で獲物を捕らえるときは、カワガラスと同様に目の瞬膜を閉じている。この個体は開くのが遅れている。

64 ツバメの飲水は、水面をかすめながら大口を開けて水をすくい取るように行われる。

65　ツバメが飛翔しながら頚部を180°急回旋して水を吐き出すことがある。採餌または飲水時に過剰の水を含んでしまった場合のようだ（白線内部の小水滴として矢印方向へ排出）。カワセミも同様な行動をする。この時、ツバメもカワセミも目の瞬膜は必ず閉じている。

争い飛翔

　小鳥の間で縄張りや食物をめぐる空中戦がしばしば起こる。
　多くは追いかけで終わるが、時には嘴(くちばし)で突く、脚で蹴る、翼で殴るという争いが、空中から水中または地上に至り、激しく行われることもある。
　同種間の縄張り争いはとくに繁殖期に激しい。
　一般に異種間の場合は体の大きいほうが優位で、例えばヒヨドリ、ムクドリ、ツグミの間ではヒヨドリが優位であるが、そうでないこともある。鳥にも個体差があるようだ。飛翔中の争いでは先に高度をとったほうが優位になることが多い。
　モズの縄張り争いはよく知られているが、スズメも闘争心の強い小鳥で、餌をめぐって争ったり、春先には取っ組み合ったまま屋根から転げ落ちたりもする。
　仲良しの小鳥として定評のあるメジロは、他種に較べると譲り合いの傾向が強く争いは少ない。しかし、木の実の少なくなる早春には争いが起こることがある。この時は他の鳥と同様に枝上の対決が空中へと移るが、それも飛び立つだけで終わることが多い。

66 は、ムクドリ間の熟柿をめぐる争い。

67 は、セグロセキレイとハクセキレイ間の争いで、カワセミの場合と同じように相手を嘴で突いたり、くわえたりして空中から水中に沈めようとしていた。この争いはセグロセキレイの勝ちで終わった。

セキレイ類の争いではセグロセキレイ、ハクセキレイ、キセキレイの順で強さが決まるようだ。体の大きさは前二者は同じ、キセキレイは 1cm 小さい。

68 は、カワセミ間の縄張り争いである。この時は雌雄間の争いで雌（d：右）の勝ちのようだった。カワセミの頚と嘴の力強さは想像以上であった。繁殖期に雄は雌に求愛給餌をするが、この争い（1月）との関係はわからない。

69 は、イソシギ間の争いで、新来者（a：左）が負けた。

70 は、スズメ間の熟柿をめぐる争い。右の新来者が追い払われた。

71 は、左上方の小さい飛翔昆虫の捕食を争う2羽のツバメ。左の個体の勝ち。

72 は、ヒバリの巴戦で、上側の個体は宙返りをしている。先に高度をとって速度をつけて襲った側が優位なのは戦闘機と同じだ。小鳥の宙返りは珍しい。

66 熟柿をめぐるムクドリ間の争い（1月）（a〜d、2秒）。**a**：前者（左）が食べているところへ後者（右）が現れ、けんかになった。**b**：空中での殴り合い。**c**：後者（上）が上位を占めた。**d**：結局、後者（上）の勝ち。

67 セグロセキレイとハクセキレイの縄張り争い（11月）(a〜d、3秒)。
a：セグロセキレイ（左）がハクセキレイ（右）を水中に押さえ込んでいる。
b：位置は変わったがやはりハクセキレイは押さえ込まれたままである。レスリングのようだ。c：ようやくハクセキレイ（左）が水中から出てきた。d：ハクセキレイ（右）は逃げて行き、この争いはセグロセキレイ（左）が勝った。

68 カワセミの雌雄間の争い（1月）（a〜d、10秒）。
a：雄（嘴は黒色）が雌（下嘴基部は赤色）の横に現れ、ディスプレイのポーズ（体を細くして胸をそらせ、嘴の先端を上げる）をとったところ、水中に叩き落とされた（上：雌、下：雄）。b：雄は水中から出てくるたびに、このように何度も水中に押し込まれた。

c：嘴をくわえられたままようやく空中へ飛び上がったが（左：雄、右：雌）、次の瞬間、雌の頭の一振りでまたも水中へ叩き込まれた。カワセミの嘴と頸の力はきわめて強い（水深は約 30cm で水中に足場は無い）。d：結局、両者は空中へ飛び上がって別々の方向へ飛び去り争いは終わった。

イソシギの争い（1月）(a〜d、2秒)
a：水辺に1羽のイソシギがいた（右：前者）。そこへもう1羽のイソシギが飛来した（左：後者）。しばらく並んでいたが、突然両者は向き合い、対決の姿勢をとった。b：次に両者は、頸や両翼をいっぱいに伸ばして相手に見せ合う、大きさ較べのような行動をした。c：両者は空中に飛び上がり、突き合い、蹴り合いとなった。d：後者（下）は戦意を無くしたようで飛び去っていった。背景は斜面のため一見地上のように見える。

70 スズメ間の餌をめぐる争い。新来者(右)が追い払われ、もともといた個体(左)が勝った。

71 左上方の飛翔昆虫（矢印）を捕食しようと争う 2羽のツバメ。左の勝ち。

ヒバリの縄張り争いの空中戦。上側の個体が宙返りをしながら襲いかかっている。先に高度をとったほうが優位なのは戦闘機と同じ。

用語解説

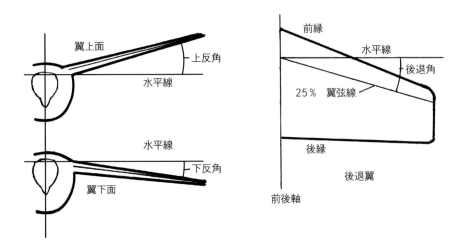

図1
上反角と下反角：左、正面図。
後退角：右、平面図。25％翼弦線が後方に後退している角度。逆の場合は前進角。
翼弦線：機体の前後軸に平行な翼の断面（翼型）で、上方へ最もふくれた点を結んだ線。前縁から25％程度のところにあることが多い。

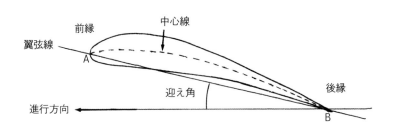

図2 翼型と迎え角、翼弦
迎え角：翼弦が進行方向となす角で、機首を上げれば増加する。
翼弦：A、B間の長さで、固定翼機では機体の前後軸に平行（鳥学では畳んで体側に付けた翼の翼角から最長初列風切羽の先端までの長さ）。

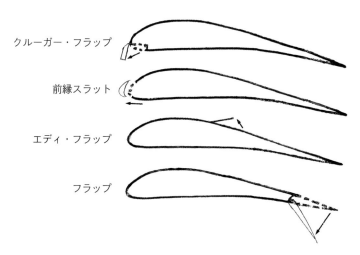

図 3 翼型と下げ翼（フラップ）、スラットなどの模式図。

あて舵（当て舵）
　逆舵のこと。船舶や航空機で使われる。目的とする進行方向と逆方向に舵をきることで、条件により初期に一時的に使用したり、持続して使用したりする。

滑翔（滑空）（かっしょう gliding）
　グライディングのこと。鳥や昆虫が羽ばたかずに、開いた羽の揚力によって飛翔を続けること。重力、抗力のため高度は下がっていく。ムササビやトカゲ、ヘビの滑空も知られている。

クルーガー・フラップ（Krueger flap）
　主翼前縁に格納されていて、使用時に前下方へ突出させる。小型だが主翼の面積とふくらみを増加し、揚力増大に役立つ。

肩翼（けんよく shoulder wing）
　翼が航空機の胴体の上部（背部）に付いていて、中翼や低翼よりも安定性がよい。鳥はみな肩翼である。

後退翼（こうたいよく sweptback wing）
　平面形で翼端が翼のつけ根より後方にある。上反角効果があり横転傾向が減る。一方で縦軸（ピッチング）の安定性が悪くなる。低速時には揚力が減少し、翼端失速を起こしやすい。

昇降舵（しょうこうだ elevator）
　航空機の水平安定板に付いている可動部分で飛行中機首を上げ下げする舵。水平安定板全体が昇降舵として動く場合もある。

ショックコード発進（shock cord）
　引き伸ばされたゴム紐がもとへ戻るエネルギーを利用して模型飛行や小型グライダーを空中へ発進させる。小さなものは手持ちパチンコのようなもの。

垂直安定板（すいちょくあんていばん vertical stabilizer）
　航空機の尾翼で垂直方向に向けて設置され、機首の左右進行方向をコントロールして蛇行飛行を防止する。

水平安定板（すいへいあんていばん horizontal stabilizer）
　航空機の尾翼で水平方向に設置され、機首の上下進行方向をコントロールしてピッチング飛行を防止する。

スタブ・チルト（stabilizer tilt）
　模型紙グライダーの旋回をコントロールするために水平安定板を右または左に傾けることで旋回する。右へ傾ければ（左端を上へ、右端を下へ）左旋回をする。スタビライザー・チルトのこと。

スラット（slat）
　スロットと同じ隙間の意味であるが、スラットは翼前縁に作られる隙間で、下方からの気流の一部も取り入れ、主翼上面の気流を安定させて剥離を防ぎ失速を遅らせる装置を意味することが多い。

旋回半径（turn radius）
　航空機は旋回により円を描く飛行をすることができるが、その円の半径は航空機の種類、速度、機体の傾きの程度などによって異なる。速度が大、傾きが小なら半径は大きくなる。

ソアリング（soaring）
　帆翔のことで、羽ばたき無しで翼を広げたまま滞空飛翔をすることはグライディングと同じだが、高度が落ちないことが異なる。トビが上昇気流を利用して輪を描きながら飛んでいるのはソアリングである。グライディングはすべての鳥ができるが、ソアリングはタカ科の鳥や大型の海鳥などに限られる。

ナイフエッジ（knife edge）
　曲技飛行の一種で、90°横転位のまま水平直線飛行をする。この時、方向舵が昇降舵の上げ舵のように使用され、機首をやや上向きにしてノーズダウン（機首下げ）を防いでいる。

ノーズダウン現象（nose down）　　前項参照

帆翔（はんしょう soaring）　　「ソアリング」の項参照

ヒバリのさえずり飛翔（song flight high overhead）
　上昇中の上り鳴き、滞空飛翔中の空鳴き（舞鳴き）、下降中の下り鳴きを使い分けている。繁殖期の縄張り宣言である。

フラップ（flap）
　翼の後縁に取り付けられ、下垂して離着陸など低速飛行に必要な高揚力装置である。収納されていたものが引き出された場合は翼面積と翼型のふくらみの増大効果がある。翼前縁に取り付けられたスラット様のものでフラップと呼ばれるものもある。

方向舵（ほうこうだ rudder）
　垂直安定板に取り付けられた舵で左右に動き、機首の向きを左右に変え横滑りの状態になるが、同時に補助翼を使用して機体を機首の向いた方向へ傾ければ傾いた方向へ旋回する。

補助翼（ほじょよく aileron）
　左右の主翼後縁の外側に取り付けられた可動翼面で、左右は逆の上下運動をして、機体を傾ける機能をもつ。右側を上げると左側が下がり、機体は右へ傾く。

螺旋降下（らせんこうか spiral dive）
　失速後、失速の程度の大きな翼を旋回内側にして、クルクル回りながら機首を下にして墜ちてくる状態。操縦困難であるがコントロールはなお可能である。たんなる下降旋回という説もある。これに対してきりもみ（spin）は完全な失速で、機首を下に向けて垂直軸のまわりに回転（オートローテイション）しながら急速に落下し、回復は困難である。

撮影

　三次元空間を高速で、予測困難なコースを飛翔する小鳥をフレーム内にとらえ、焦点の合致を図ることは、背景の状態や視界内の障害物の有無にもよるがきわめて困難で不可能に近い。フレーム内にとらえることができた C-AF 連写でも、ピントの合った画面が1枚もあれば大きな成功といえる。通常の撮影機材を使用するかぎり撮影結果は、撮影者の経験のほか、眼からシャッターを押す指先へのタイムラグや、カメラのオートフォーカス（AF）の速さや動体追尾性などの性能とも関係する。照準器を使用することも1つの方法であろう。

　インターネット上で見るツバメやカワセミの飛翔写真の撮影法の議論でも、やはり"練習、さらに練習、そして幸運を……"という結論に終わっているようだ。撮影に際して留意すべきは、小鳥を見つけても、飛ぶところを撮るために近づきすぎたり脅したりしないことで、待つか、あきらめることである。

　静止している鳥の写真をみた場合、その 0.2 秒前後の状態を考えることはまずないが、飛翔中の小鳥では変化がある。そこで本書では代表的な動きのうちで 0.6 秒間ピントが合い、ブレの少ない連写画を4枚ずつ選んでみたが、そのすべての条件を満たすものはほとんど無かった。これは高速移動する同一目標物を別個のフレーム内の同一点に維持することが不可能なことのほか、使用するカメラの AF 追尾性の性能や変化する背景の問題にもかかわるようだ。争いの場面では、その展開に関心が持たれることが多いが、比較的長時間にわたりやすいので全経過の中から4枚を組み写真的に選んだ。

　撮影は次の条件で行った。小鳥の活動が活発、太陽光が斜め、速いシャッターが切れる快晴の午前中（9～11時頃）、スピード 1/1250～1/2500、絞り値 F8～11、フィルム感度 ISO400～800、手持ち。

　果実をつける庭木へ来る小鳥の撮影は比較的容易で、マニュアルとし、あらかじめ飛来の予想される枝のあたりにおきピンとして、撮影は室内から三脚を使用して行った。おきピンとは、鳥が木の実などを食べに来ると予想される枝にあらかじめ手動でピントを合わせておき、その場所に被写体が来たらシャッターを切る撮影法。三脚で固定すればファインダーをのぞく必要が無く、動体撮影に便利だが効率は被写体まかせのためよくない。

　撮影場所は愛知県春日井市とその周辺。カメラはニコン D200、D7000、レンズはニッコール 70～210mm、70～300mm のズームと 400mm を使用した。

　撮影目的が飛翔場面のため、なるべく見通しのよい場所で、水面や空が背景となるところを選んだ。

参考文献

Altshuler D.L., Bahlman J.W., Dakin R., Gaede A.H., Goller B., Lentink D., Segre P.S., Skandalis D.A. 2015. The biophysics of bird flight: functional relationships integrate aerodynamics, morphology, kinematics, muscles, and sensors. Can. J. Zool. 93 (12): 961-975.

Berg A.M., Biewener A.A. 2010. Wing and body kinematics of take off and landing flight in the pigeon (*Columba livia*). J. Exp. Biol. 213: 1651-1658.

Carruthers A.C., Thomas A.L.R., Taylor G.K. 2007. Automatic aeroelastic devices in the wings of a steppe eagle *Aquila nipalensis*. J. Exp. Biol. 210: 4136-4149.

Ettlinger R. 2008. On feathered wings Birds in flight. Abrams, New York, NY.

Evans M.R., Rosén M., Park K.J., Hedenström A. 2002. How do birds' tails work? Delta-wing theory fails to predict tail shape during flight. Proc R Soc Lond B 269: 1053-1057.

ギル, フランク. B. 2009. 鳥類学. 山階鳥類研究所訳. 新樹社.

Henderson C.L. 2008. Bird in flight: The art and science of how birds fly. Voyageur Press, Mineapolis, MN.

飯田誠一. 1994. 飛ぶ――そのしくみと流体力学. オーム社.

Johnston J., Gopalarathnam A. 2012. Investigation of a bio-inspired lift-enhancing effector on a 2D airfoil. Bioinspir Biomim 7 036003.

Lentink D., de Kat R. 2014. Gliding swifts attain laminar flow over rough wings. PLoS ONE 9 (6): e99901.

牧野光雄. 2012. 航空力学の基礎（第3版）. 産業図書.

中村登流. 1986. 野鳥の図鑑　陸の鳥①②　水の鳥①②. 保育社.

日本鳥学会編. 2012. 日本鳥類目録改訂第7版. 日本鳥学会.

Patone G., Brown Skua with "eddy-flaps". source: www.bionik.tu-berlin.de/user/giani/vortrag/

Rayner J.M.V., Viscardi P.W., Ward S., Speakman J.R. 2001. Aerodynamics and energetics of intermittent flight in birds. Amer. Zool. 41: 188-204.

Rowe L.V., Evans M.R., Buchanan K.L. 2001. The function and evolution of the tail streamer in hirundines. Behav. Ecol. 12 (2): 157-163.

Stengel R.F. 2004. Flight dynamics. Princeton University Press, Princeton, NJ.

Sterbing-D'Angelos, Chadha M., Chiu C., Falk B., Xian W., Barcelo J., Zook J.M., Moss C.F. 2011. Bat wing sensors support flight control. Proc Natl. Acad. Sci. USA 108 (27): 11291-11296.

高野伸二. 1982. フィールドガイド　日本の野鳥. 日本野鳥の会.

高野伸二編. 1985. 日本の野鳥. 山と渓谷社.

テネケス, ヘンク. 1999. 鳥と飛行機どこがちがうか. 高橋健次訳. 草思社.

Tobalske B.W. 2007. Biomechanics of bird flight. J. Exp. Biol. 210: 3135-3146.

Wang C.H.J., Schlüter J. Stall control with feathers: self-activated flaps on finite wings at low Reynolds numbers. source: http://dx.doi.org/10.1016/j.crme.2011.11.001.

Warrick D.R. 1998. The turning- and linear-maneuvering performance of birds: the cost of efficiency for coursing insectivores. Can. J. Zool. 76: 1063-1079.

Warrick D.R., Bundle M.W., Dial K.P. 2002. Bird maneuvering flight: Blurred bodies, clear heads. Integ. Com. Biol. 42 (1): 141-148.

おわりに

　私はバードウォッチャーの一人として長年、野外での観察を楽しんできましたが、生命の輝きの象徴を思わせる鳥たちの一瞬を記憶としてとどめるため、野鳥の撮影を行うようになりました。そうするうちに思い出を立体的に表現したくなったのでバードカービングを習い、小鳥らしいものをいくつか作っているうちに、次第に飛翔中の姿の再現にチャレンジしてみたいと思うようになりました。

　しかし困ったことに、出版されている本の中にはハト、カラスサイズ以上の大型の鳥の飛翔写真はあっても、私が作ろうとするヒヨドリやムクドリサイズ以下の小鳥（いわゆる鳴禽類、燕雀類）の飛翔中のクローズアップ写真はほとんど無く、とりわけ広げた翼の下面（アンダーウイング）がはっきり写っているものは皆無に近いことに気づきました。

　剥製や籠の中の鳥ではなく、大自然の中を飛び回っている野鳥の写真でなければ参考にならないと決めた以上は、野外で観察し、自ら写真に記録するしかないというわけで、バードカービングの資料にするために飛翔の写真の撮影を始めたのですが、写真を撮り続けるうちに小鳥が飛翔中に見せる生態の魅力に取りつかれました。

　私は飛行機マニアでもあるため、飛ぶ鳥の見事なマニューバ（空中動作）を見ると、つい翼や尾羽の使い方は空力学的にはどうかと、素人なりに考察を試みてしまいます。

　それにしても鳥の飛翔能力はすばらしいものです。

　バードウォッチャーやバードカーバーのほか、飛行機マニアや画家の方々にも興味と関心を持っていただければ幸いです。

謝辞

　空力学的な内容の記載について、中村佳朗・中部大学工学部教授（名古屋大学名誉教授、流体力学、航空宇宙工学・工学博士）に数々のご指導、ご助言をいただきましたことを厚く感謝いたします。

　また、出版にあたって、築地書館の土井二郎氏、編集の橋本ひとみ氏のご高配とご尽力に深謝いたします。

著者紹介

野上 宏（のがみ　ひろし）
1932 年 11 月　名古屋市生まれ
1960 年 3 月　名古屋大学医学部卒業
1965 年 3 月　名古屋大学大学院医学研究科修了（整形外科学専攻）
1965 年 4 月　医学博士
1965 年 7 月～1967 年 6 月　米国ペンシルベニア大学医学部研究員
1967 年 6 月　名古屋大学医学部助手
1969 年 7 月～1970 年 9 月　米国カリフォルニア大学 LA 校医学部
　　　　　　　研究員
1970 年 10 月　愛知県心身障害者コロニー中央病院医長
1973 年 1 月～12 月　米国カリフォルニア大学 LA 校医学部研究員
1998 年 4 月　愛知県心身障害者コロニー中央病院名誉院長

ネパールのチトワン国立公園にて。ゾウをバックに

バードウォッチングは小学生のころから続けている。
また、飛行機マニアで模型飛行機作りを続け、小型飛行機やグライダーの操縦も経験したことがある。
写真では、1964 年に朝日新聞社第 1 回全国野生動物写真コンクールで金賞を受賞。

小鳥 飛翔の科学

2017年1月31日　初版発行

著者　　　野上　宏
発行者　　土井二郎
発行所　　築地書館株式会社
　　　　　〒 104-0045 東京都中央区築地 7-4-4-201
　　　　　TEL.03-3542-3731　FAX.03-3541-5799
　　　　　http://www.tsukiji-shokan.co.jp/
　　　　　振替 00110-5-19057
印刷・製本　シナノ出版印刷株式会社
本文デザイン&装丁　小島トシノブ（NONdesign）

ⓒ Hiroshi Nogami 2017 Printed in Japan　ISBN978-4-8067-1532-0

・本書の複写、複製、上映、譲渡、公衆送信（送信可能化を含む）の各権利は築地書館株式会社が管理の委託を受けています。
・ JCOPY〈出版者著作権管理機構 委託出版物〉
本書の無断複製は著作権法上での例外を除き禁じられています。複製される場合は、そのつど事前に、出版者著作権管理機構（TEL.03-3513-6969、FAX.03-3513-6979、e-mail: info@jcopy.or.jp）の許諾を得てください。

築地書館の本

鳥の不思議な生活
ハチドリのジェットエンジン、ニワトリの三角関係、全米記憶力チャンピオン vs ホシガラス

ノア・ストリッカー［著］片岡夏実［訳］
2400 円＋税

フィールドでの鳥類観察のため南極から熱帯雨林へと旅する著者が、ペンギン、アホウドリ、純白のフクロウなど、鳥の不思議な生活と能力についての研究成果を、自らの観察を交えて描く。北米を代表するバードウォッチャーによる、鳥への愛にあふれた鳥類研究の一冊。

落葉樹林の進化史
恐竜時代から続く生態系の物語

ロバート・A・アスキンズ［著］黒沢令子［訳］
2700 円＋税

温暖化による気温・環境の変化や、森林の分断化が引き起こす森林性鳥類や渡り鳥の減少は、どうすれば食い止めることができるのか？ 日本の森林性鳥類の研究も行ったことのある米国の鳥類学者が、地域と時間を超越して森林の進化の歴史をたどり、新たな角度での森林保全の解決策を探る。

田んぼで出会う花・虫・鳥
農のある風景と生き物たちのフォトミュージアム

久野公啓［著］
2400 円＋税

百姓仕事が育んできた生き物たちの豊かな表情を、美しい田園風景とともにオールカラーで紹介。
そっと近づいて、田んぼの中に目をこらしてみよう。
カエルが跳ね、トンボが生まれ、花が咲き競う、生き物たちの豊かな世界が見えてくる。

価格・刷数は 2017 年 1 月現在